拔河：
牛顿物理 ②

[加拿大] 克里斯·费里　著/绘　　那彬　译

中国少年儿童新闻出版总社
中国少年儿童出版社
北　京

作者简介 ··

　　克里斯·费里，80后，加拿大人。毕业于加拿大名校滑铁卢大学，取得数学物理学博士学位，研究方向为量子物理专业。读书期间，克里斯就在滑铁卢大学纳米技术研究所工作，毕业后先后在美国新墨西哥大学、澳大利亚悉尼大学和悉尼科技大学任教。至今，克里斯已经发表多篇有影响力的权威学术论文，多次代表所在学校参加国际学术会议并发表演讲，是当前越来越受人关注的量子物理学领域冉冉升起的学术新星。

　　同时，克里斯还是4个孩子的父亲，也是一名非常成功的少儿科普作家。2015年12月，一张Facebook（脸书）上的照片将克里斯·费里推向全球公众的视野。照片上，Facebook（脸书）创始人扎克伯格和妻子一起给刚出生没多久的女儿阅读克里斯·费里的一本物理绘本。这张照片共收获了全球上百万的赞，几万条留言和几万次的分享。这让克里斯·费里的书以及他自己都受到了前所未有的关注。

　　扎克伯格给女儿阅读的物理书，只是作者克里斯·费里的试水之作。2018年，克里斯·费里开始专门为中国小朋友做物理科普。他与中国少年儿童新闻出版总社全面合作，为中国小朋友创作一套学习物理知识的绘本——"红袋鼠物理千千问"系列。

红袋鼠说："我和爸爸玩拔河游戏的时候，他总是赢！下次，我能不能利用物理知识赢过他呢？"

克里斯博士说："要回答谁会赢这个问题，你需要明白'**力**'是怎么回事。'**力**'是物理学中的核心概念。力就是推或者拉。"

拉

推

红袋鼠说："这简单！我每天都在做。我把门拉开，再把门推上。"

克里斯博士说："除了像你刚才做的推和拉之外，还有很多种不一样的力。你能想到一种力，它没有碰到你，却能拉住你的吗？我给你个提示：跳一下！"

红袋鼠灵机一动，说："哦，是万有引力呀！"

万有引力

克里斯博士解释说："万有引力是一种看不见的力，它能把所有的东西都拉到一起。物体越大、越重，拉力就越大。"

红袋鼠说："地球很大、很重，它对我有很大的拉力，不让我跳得特别高。"

13

红袋鼠问："我知道这些力的名称了，但力怎么帮我赢得拔河呢？"

拉

推

万有引力

克里斯博士说："别着急，你先听我慢慢说。力最重要的两点就是**大小**和**方向**。"

小

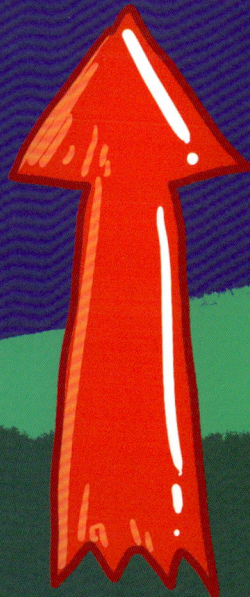

大

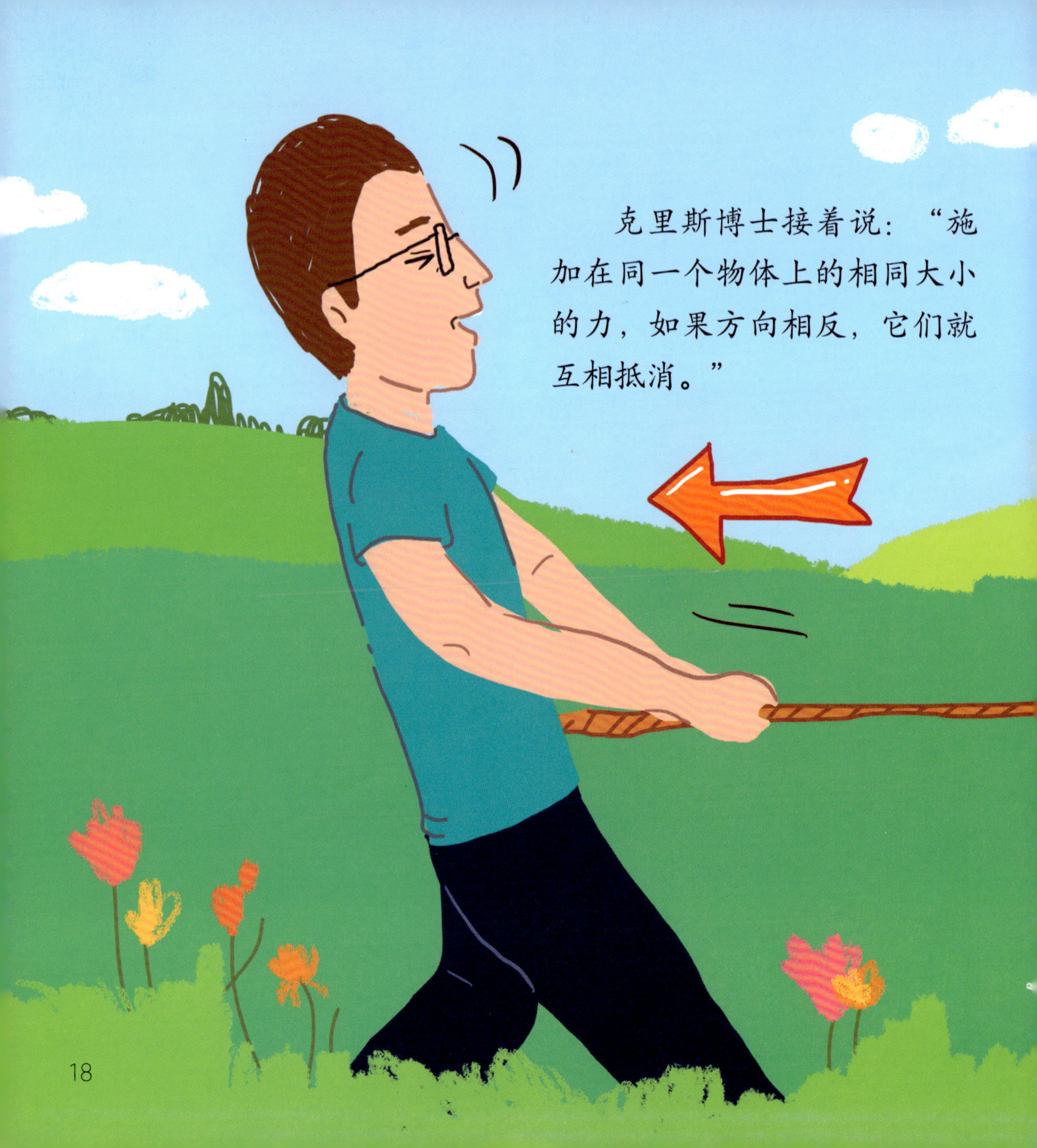

克里斯博士接着说：“施加在同一个物体上的相同大小的力，如果方向相反，它们就互相抵消。”

红袋鼠说："就是说什么也没有发生，对吧！"

红袋鼠问："那如果我用的力气大一些呢？"

克里斯博士回答："那你就赢了！"

克里斯博士解释说："这张图是你和你爸爸拔河的受力分析示意图。最终的力，也就是大的力减去小的力以后剩下的力，它的方向往哪边，哪边就赢。你知道在这张图里它的方向是往哪边吗？"

克里斯博士接着说："现在我们来看看如何让两个力做减法。移动第二个箭头，让第一个箭头的头部和第二个箭头的尾部对齐。再画一个新的箭头，把第一个箭头的尾部和新箭头的尾部对齐，这个新箭头的方向指向第二个箭头的头部。你看，这个新箭头的方向就是剩下的力的方向！"

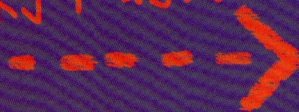

红袋鼠说："所以爸爸就赢了我。"

克里斯博士说："你要是能找到大小适当且方向正确的力，使剩余力的方向朝向你这边，你就能赢爸爸。你能想到什么办法吗？"

红袋鼠高兴地说："我想到了！我已经学到了物理学中力的知识！"

赢了！

28

版权合作方： 澳大利亚米酷传媒

图书在版编目（CIP）数据

牛顿物理. 2, 拔河 /（加）克里斯·费里著绘；那彬译. — 北京：中国少年儿童出版社，2019.5
（红袋鼠物理千千问）
ISBN 978-7-5148-5361-2

Ⅰ.①牛… Ⅱ.①克… ②那… Ⅲ.①物理学—儿童读物 Ⅳ.①04-49

中国版本图书馆CIP数据核字(2019)第051132号

审读专家：高淑梅 江南大学理学院教授，中心实验室主任

HONGDAISHU WULI QIANQIANWEN
BAHE：NIUDUN WULI 2

出 版 发 行： 中国少年儿童新闻出版总社
中国少年儿童出版社

出 版 人：孙 柱
执行出版人：张晓楠

策　　划：张　楠	审　　读：林　栋　聂　冰
责任编辑：徐懿如　郭晓博	封面设计：马　欣
美术编辑：马　欣	美术助理：杨　璇
责任印务：任钦丽	责任校对：颜　轩

社　　址：北京市朝阳区建国门外大街丙12号	邮政编码：100022
总 编 室：010-57526071	传　　真：010-57526075
客 服 部：010-57526258	
网　　址：www.ccppg.cn	电子邮箱：zbs@ccppg.com.cn

印　　刷：北京尚唐印刷包装有限公司

开本：787mm×1092mm　1/20　　　　　　　印张：2
2019年5月北京第1版　　　　　　2019年5月北京第1次印刷
字数：25千字　　　　　　　　　　　印数：10000册

ISBN 978-7-5148-5361-2　　　　　　　　定价：25.00元

图书若有印装问题，请随时向本社印务部（010-57526183）退换。